EXPÉRIENCES

SUR

LES ROUES HYDRAULIQUES

A AXE VERTICAL,

ET SUR

L'ÉCOULEMENT DE L'EAU DANS LES COURSIERS

ET DANS LES BUSES DE FORME PYRAMIDALE.

PARIS. — IMPRIMERIE DE COSSE ET G.-LAGUIONIE,

RUE CHRISTINE, 2.

EXPÉRIENCES

SUR LES

ROUES HYDRAULIQUES

A AXE VERTICAL,

ET SUR

L'ÉCOULEMENT DE L'EAU DANS LES COURSIERS

ET DANS LES BUSES DE FORME PYRAMIDALE.

PAR

G. PIOBERT ET A. L. TARDY,

Officiers d'artillerie, anciens élèves de l'École Polytechnique.

PARIS,

LIBRAIRIE SCIENTIFIQUE-INDUSTRIELLE DE L. MATHIAS (AUGUSTIN),

QUAI MALAQUAIS, N° 15.

1840.

AVANT-PROPOS.

Les expériences rapportées dans le présent ouvrage offrent un des premiers exemples de l'emploi du frein à la mesure de l'effet utile transmis par les machines; l'appareil dont on a fait usage avait été construit vers la fin de 1821 et différait sensiblement du frein à levier, dont M. de Prony s'est servi le premier, pour évaluer le travail dynamique des moteurs, et dont les auteurs n'avaient pas alors connaissance. Ces expériences exécutées à Toulouse dès le commencement de l'année suivante, furent communiquées peu de temps après à cet illustre savant, que la science vient de perdre, et qui avait donné son approbation à ce travail. On le publie aujourd'hui, quoique primitivement il n'eût pas été destiné à l'impression, parce que MM. Poncelet et D'Aubuisson, qui ont cité dans leurs savants ouvrages (1) quelques-unes de ces expériences, ont pensé que la publication de l'ensemble du travail pourrait être utile, à cause de la construction du frein dont quelques dispositions présentent des avantages, et parce que les deux espèces de roues hydrauliques dont on a mesuré les effets dynamiques, sont peu connues et n'ont pas encore été étudiées.

----

(1) *Cours de Mécanique appliquée aux machines.* Metz, 1834 et 1835, 7e section, p. 39.
Traité d'Hydraulique, à l'usage des ingénieurs. Paris, 1834, pag. 315.
Ces ouvrages se trouvent à la librairie de L. Mathias, quai Malaquais, 15.

EXPÉRIENCES

SUR LES

ROUES HYDRAULIQUES

A AXE VERTICAL,

ET SUR,

L'ÉCOULEMENT DE L'EAU DANS LES COURSIERS

ET DANS LES BUSES DE FORME PYRAMIDALE.

---

1. L'emploi des roues hydrauliques à axe vertical présenterait souvent de grands avantages sous le rapport de la simplification qu'elles peuvent apporter dans le mécanisme des usines, du peu d'espace qu'elles exigent, de la faculté qu'elles ont de fonctionner malgré la glace et les inondations, de la facilité de leur construction et de l'économie de leur entretien. Dans les moulins à blé, elles dispensent de toute espèce d'engrenage, et permettent de placer plusieurs meules dans les endroits les plus resserrés ; dans les places de guerre, elles peuvent travailler en tout temps, ne gênent en rien la défense, et sont mises à peu de frais à l'abri du feu de l'assiégeant. Malgré ces avantages, les roues horizontales sont peu employées, même dans les localités pour lesquelles elles seraient beaucoup plus convenables.

que les autres, parce qu'on leur reproche de ne transmettre qu'une faible portion de l'effort du moteur. Ces roues hydrauliques ayant été peu étudiées dans la pratique et le rapport des effets qu'elles produisent aux effets dépensés n'étant pas connus, il nous a paru intéressant de mesurer ces effets pour les deux espèces de roues horizontales qui se trouvent établies à Toulouse. Dans ce but, on a fait varier leur vitesse et les résistances qui s'opposent à leur mouvement, autant que les instruments et les localités le permettaient, afin de vérifier si le reproche qu'on leur fait est fondé et jusqu'à quel point il peut balancer leurs avantages. Ces recherches ont conduit naturellement à plusieurs expériences sur l'écoulement de l'eau dans les coursiers et dans les cannelles, ou buses de forme pyramidale, et enfin sur la mouture du blé.

2. Les deux barrages de la Garonne à Toulouse et l'abondance des eaux du canal du Midi, près de son embouchure dans cette rivière, ont permis de disposer de chutes d'eau assez considérables pour faire mouvoir un grand nombre de moulins à blé, au moyen de roues horizontales. Ces roues sont de deux espèces : celles qui sont établies sur la rivière sont dites *à cuve*, comme celles qui existent à Cahors, à Metz, etc.; celles qui sont placées sur le canal, dites *à rouet volant*, ressemblent beaucoup à celles qu'on voit depuis un temps immémorial dans les montagnes du Dauphiné, et sont mises en mouvement par la percussion de l'eau sur des aubes courbes qui remplacent les cuillers que portent les arbres des moulins des Alpes (1).

---

(1) Cette dernière espèce de roues hydrauliques à axe vertical est connue depuis des siècles; on la trouve chez les peuples les moins avancés en industrie. En Afrique il en existe un nombre considérable près des grandes chutes du Rummel, à Constantine; les cuillers sont remplacées par des morceaux de bois grossièrement taillés et assemblés avec l'arbre, comme les rais d'une roue avec le moyeu. Une certaine quantité d'eau est dérivée de la partie supérieure de la rivière et conduite par un canal jusque près du moulin; de là elle est dirigée sur un des côtés de la roue par un coursier incliné à l'horizon de 30° à 40°. Après avoir agi sur cette roue, l'eau est réunie et dirigée sur un autre moulin situé plus

La circonstance favorable qui a réuni dans la même ville les deux espèces de roues hydrauliques horizontales employées communément, a permis de les bien apprécier et d'établir entre elles une comparaison rigoureuse, en mesurant les effets produits et dépensés suivant une même méthode, avec les mêmes instruments employés par les mêmes observateurs.

EXPÉRIENCES SUR L'ÉCOULEMENT DE L'EAU.

3. La première opération à exécuter était la mesure des dépenses d'eau ou du moteur qui faisait mouvoir les différentes roues qu'on devait soumettre à l'expérience.

Dans le moulin du Basacle, l'eau passe directement du lit de la rivière dans le coursier de la roue, au moyen d'une vanne qu'on élève à volonté ; dans le moulin de l'Hôpital, elle coule dans un bassin par une première vanne, et entre dans le coursier de la roue par une deuxième vanne ; dans le moulin du canal du Languedoc, près du pont des Minimes, l'eau superflue du canal est reçue dans un grand bassin qui n'en est séparé que par une vanne ; l'eau est dirigée de ce bassin sur les rouets, au moyen de cannelles dont l'entrée est ouverte et fermée par des vannes particulières.

4. Dans ce moulin du canal (*planche Ire*), la dépense pouvait se dé-

---

bas , ensuite sur un troisième , et ainsi de suite jusqu'au niveau inférieur de la rivière, de manière que la même eau est employée successivement à faire mouvoir différentes roues ; les chutes partielles ne dépassent pas 5 à 6 mètres.

Les arbres des roues sont réunis par leur partie supérieure et au moyen d'un assemblage très lâche faisant fonction de genou, à une petite meule qui se meut sur une autre meule inférieure , inclinée à l'horizon de 10° à 15° ; de sorte que la meule supérieure tourne dans un plan qui n'est pas perpendiculaire à l'arbre , celui-ci restant constamment vertical. Ces moulins à blé préparent la farine destinée à faire le couscoussou , espèce de grosse semoule qu'on fait cuire à la vapeur, et qui forme la nourriture habituelle des indigènes.

2

duire de la mesure des sections horizontales du bassin à différentes hauteurs et de l'abaissement du niveau de l'eau pendant l'écoulement. Cette
expérience a été répétée sur chacune des deux cannelles séparément et sur
toutes deux en même temps; l'on a obtenu ainsi les résultats consignés dans
les tableaux 1, 2 et 3 pour les dépenses d'eau par seconde, suivant les différentes charges. On a rectifié ces dépenses à partir de la troisième minute
de l'écoulement, en régularisant les différences d'abaissement trouvées, de
manière à leur faire suivre une loi régulière qui a dû être troublée par
de très faibles agitations de la surface de l'eau et par la grandeur de
l'unité de mesure qui était le millimètre.

La dépense pendant les premiers instants a été calculée au moyen de la
formule que M. de Prony a donnée dans son Mémoire sur le jaugeage des
eaux courantes. On a déduit de ces résultats le coefficient de la dépense,
qui s'est trouvé variable avec la hauteur d'eau au-dessus de l'orifice, de
telle manière que la dépense d'eau a été proportionnelle à la puissance 3/4
de la hauteur de la surface au-dessus du milieu de la vanne.

EXPÉRIENCES FAITES AU MOULIN DU CANAL

SUR LES DÉPENSES D'EAU.

EXPÉRIENCES FAITES AU MOULIN DU CANAL SUR LES DÉPENSES D'EAU.

5. L'écoulement avait lieu par la cannelle de la meule n° 1, la moins éloignée du canal.

Cette cannelle avait intérieurement des cadres en fer plat de $0^m,04$ sur $0^m,005$ environ ; c'est sur le plus petit qu'en a mesuré l'ouverture de $0^m,208$ de hauteur, sur $0^m,193$ de largeur.

Le zéro des hauteurs a été pris à $1^m,00$ au-dessous des bords du bassin, à 3^m012 au-dessus du haut de la cannelle et à $3^m,220$ du bas.

Niveau de l'eau ou commencement de l'expérience au-dessus du $\begin{cases} \text{haut de la cannelle}, & h' = 3^m,802 \\ \text{bas de la cannelle}, & h = 4^m,010 \end{cases}$

Surface du bassin. . .659,82	667,58	671,24	672,21	671,97	671,43	670,59	669,65	668,42	666,98	665,24
Pour les hauteurs. . . 1m,00	0m,90	0m,80	0m,70	0m,60	0m,50	0m,40	0m,30	0m,20	0m,10	»

PREMIER TABLEAU.

Niveau de l'eau dans le bassin.	ABAISSEMENT EN 20″	ABAISSEMENT EN 1′	ABAISSEMENT EN 5′	Surface du bassin aux hauteurs correspondantes.	Dépense d'eau pendant 5 minutes.	Même dépense régularisée par les différences.	Dépense d'eau par seconde.	Coefficient de la dépense.	OBSERVATIONS.
1.	2.	3	4	5.	6.	7.	8.	9.	
0,790	0,010								
0,780	0,008	0,028	»	»	»	»	»	»	
0,772	0,010								
0,762	0,010								
0,752	0,007	0,026	»	»	»	»	»	»	
0,745	0,009								
0,736	0,010								
0,726	0,008	0,026	0,135 ×	672,0 = 90,72	90,72	90,64	0,3021	0,8674	
0,718	0,008								
0,710	0,010								
0,700	0,008	0,027	0.133	672,2	84,50	90,38	0,3013	0,8679	
0,692	0,009								
0,683	0,009								
0,674	0,009	0.028	0.134	672,1	90,06	90,02	0,3001	0,8674	
0,665	0,010								
0,655									

OBSERVATIONS. — Le coefficient moyen de la dépense est 0,864; mais on voit que ce rapport varie avec la hauteur de l'eau au-dessus de la vanne. L'expression qui donnerait exactement la dépense par seconde serait $2,769\ V\,h^{\frac{3}{2}}$.

h étant la hauteur de l'eau au-dessus du milieu de l'ouverture de la vanne, et V la surface de cette ouverture.

La formule de Prony

$$q = \frac{1}{\tau}\left(3\,\xi - \tfrac{3}{2}\tfrac{\xi}{\eta} + \tfrac{1}{3}\tfrac{\xi}{\zeta} \right) S,$$

dans laquelle q est la dépense de l'eau pendant l'unité de temps, S la superficie du bassin,

0,646	0,009	0,026	0,135	672,0	90,72	89,83	0,2994	0,8685
0,640	0,006							
0,629	0,011							
0,620	0,009	0,027	0,133	671,9	89,36	89,63	0,2983	0,8698
0,614	0,006							
0,602	0,012							
0,594	0,008	0,027	0,133	671,8	89,35	89,23	0,2974	9,8687
0,588	0,006							
0,575	0,013							
0,567	0,008	0,025	0,133	671,7	89,33	88,78	0,2959	0,8677
0,560	0,007							
0,550	0,010							
0,542	0,008	0,028	0,130	671,6	87,31	88,12	0,2937	0,8645
0,532	0,010							
0,522	0,010							
0,516	0,006	0,026	0,129	671,5	86,42	87,48	0,2916	0,8612
0,506	0,010							
0,496	0,010							
0,490	0,006	0,024	0,130	671,3	87,27	87,10	0,2903	0,8604
0,480	0,010							
0,472	0,008							
0,463	0,009	0,026	0,130	671,1	87,24	86,80	0,2893	0,8608
0,453	0,010							
0,446	0,007							
0,438	0,008	0,026	0,128	670,9	85,88	86,45	0,2888	0,8622
0,428	0,010							
0,420	0,006							
0,410	0,008	0,028	0,130	670,7	87,19	86,10	0,2870	0,8601
0,402	0,010							
0,392	0,008							
0,384	0,008	0,024	0,126	670,5	84,48	85,80	0,2860	0,8602
0,378	0,006							
0,368	0,010							
0,360	0,008	0,026	0,130	670,2	87,13	85,50	0,2850	0,8602
0,352	0,008							
0,342	0,010							
0,335	0,007	0,022	»	»	»	»	»	»
0,326	0,009							
0,320	0,006							
0,310	0,010	0,030	»	»	»	»	»	»
0,300	0,010							
0,290	0,010							

ξ, la hauteur dont l'eau a baissé pendant le 1er espace de temps τ,

$\xi_{,}$, la hauteur dont l'eau a baissé pendant le temps $2\,\tau$,

$\xi_{,,}$, la hauteur dont l'eau a baissé pendant le temps $3\,\tau$,

donne la dépense par seconde $0^{mc},30464$ pour le niveau $0^m,790$, correspondant au commencement de l'écoulement.

SUITE DES EXPÉRIENCES FAITES AU MOULIN DU CANAL,

SUR LES DÉPENSES D'EAU.

6. L'eau du bassin s'écoulait par la cannelle de la meule n° 2, la plus éloignée du canal, ayant une ouverture de 0ᵐ,203 de hauteur, sur 0ᵐ,18 de largeur. Elle n'avait pas de cadre en fer comme la précédente ; mais on a trouvé dedans quelques brins de bois de la grosseur d'une plume, dirigés dans le sens du cours de l'eau.

Le zéro de hauteur était à 3ᵐ,017 du haut de la cannelle et à 3ᵐ220 du bas.

Niveau de l'eau au commencement de l'expérience au-dessus { du haut de la cannelle 3ᵐ,447.
{ du bas . . . *idem* . . . . . 3ᵐ,650.

Le bassin était le même que dans l'expérience précédente.

DEUXIÈME TABLEAU.

Niveau de l'eau dans le bassin.	ABAISSEMENT EN 20''	1'	5'	Surface du bassin aux hauteurs correspondantes.	Dépense d'eau pendant 5 minutes.	Même dépense régularisée par les différences.	Dépense d'eau par seconde.	Coefficient de la dépense.	OBSERVATIONS.
1.	2.	3.	4.	5.	6.	7.	8.	9.	
m. 0,430	m. 0,010								Le coefficient moyen de la dépense est 0,964 ; mais il varie avec la hauteur de l'eau.
0,420	0,010	m. 0,030	»	»	»	»	»	»	La formule qui donnerait exactement la dépense serait $3,16\,V\,h^{\frac{3}{2}}$.
0,410	0,010								
0,400	0,009								h étant la hauteur de l'eau au-dessus du niveau de l'ouverture de la vanne et V la surface de cette ouverture.
0,391	0,008	0,024	»	»	»	»	ı.	»	
0,383	0,007								La formule de Prony donne pour la dépense par seconde 0ᵐ·ᶜ,3013, pour la hauteur 0ᵐ,430 du niveau de l'eau, correspondant au commencement de l'écoulement.
0,376	0,008	0,026	m. 0,132 ×	m q. 670,2 =	m.c. 88,37	m.c 86,21	m.c. 0,2874	0,9515	
0,368	0,009								
0,359	0,009								
0,350	0,010	0,026	0,128	670,0	85,77	86,15	0,2872	0,9514	
0,340	0,009								
0,331	0,007								
0,324									

0,315 0,308 0,298	0,009 0,007 0,010	0,026	0,128	669,7	85,72	86,09	0,2870	0,9576
0,290 0,281 0,272	0,008 0,009 0,009	0,026	0,129	669,4	86,35	86,04	0,2868	0,9600
0,263 0,255 0,248	0,009 0,008 0,007	0,024	0,129	669,1	86,30	85,97	0,2866	0,9637
0,238 0,229 0,221	0,010 0,009 0,008	0,027	0,128	668,8	85,61	85,72	0,2857	0,9640
0,212 0,204 0,195	0,009 0,008 0,009	0,026	0,126	668,5	84,23	85,57	0,2852	0,9660
0,188 0,179 0,170	0,007 0,009 0,009	0,025	0,129	668,1	86,18	85,40	0,2846	0,9676
0,162 0,154 0,146	0,008 0,008 0,008	0,024	0,128	667,8	85,47	85,11	0,2837	0,9683
0,136 0,128 0,119	0,010 0,008 0,009	0,027	0,127	667,4	84,76	84,80	0,2826	0,9684
0,110 0,102 0,093	0,009 0,008 0,009	0,026	0,126	667,0	84,04	84,45	0,2815	0,9686
0,086 0,077 0,068	0,007 0,009 0,009	0,025	0,126	666,6	84,00	84,16	0,2805	0,9689
0,059 0,051 0,044	0,009 0,008 0,007	0,024	0,125	666,2	83,28	84,00	0,2800	0,9711
0,035 0,028 0,020	0,009 0,007 0,008	0,024	»	»	»	»	»	»
0,011 0,002 0,006	0,009 0,009 0,008	0,026	»	»	»	»	»	»

SUITE DES EXPÉRIENCES FAITES AU MOULIN DU CANAL
SUR LES DÉPENSES D'EAU.

7. L'écoulement avait lieu pour les deux cannelles en même temps. La hauteur moyenne des ouvertures était de 0m,2048, et la largeur totale de 0m,373.

La hauteur du zéro au-dessus du bas de la cannelle était de. 0m,220

Niveau de l'eau au commencement de l'expérience au-dessus du. . . . . { haut de la cannelle. 3m,8152 { bas . . . idem. . . . 4m,020

TROISIÈME TABLEAU.

Niveau de l'eau dans le bassin.	ABAISSEMENT en			Surface du bassin aux hauteurs correspondantes.	Dépense d'eau pendant une minute.	Même dépense régularisée par les différences.	Dépense d'eau par seconde.	Coefficient de la dépense.	OBSERVATIONS.
	20"	1'	5'						
1.	2.	3.	4.	5.	6.	7.	8.	9.	
m.	m.	m.		m.q.	m.c.	m.c.	m.c.		
0,800	0,016	0,057	»	671,5	38,28	36,60	0,6100	0,9142	Le coefficient moyen de la dépense est 0,895; mais il varie avec la hauteur de l'eau.
0,784	0,024								
0,760	0,017								La formule qui donnerait exactement la dépense serait $2{,}89\ V\ h^{3}$.
0,743	0,013	0,053	»	672,1	35,62	36,25	0,6042	0,9119	
0,730	0,025								La formule de Prony donne pour la dépense par seconde 0m.c,6227, pour la hauteur 0m,800 du niveau de l'eau, correspondant au commencement de l'écoulement.
0,705	0,015								
0,690	0,015	0,055	»	672,4	36,97	35,90	0,5983	0,9053	
0,675	0,022								
0,653	0,018								
0,635	0,012	0,050	»	672,0	33,60	35,55	0,5925	0,9030	
0,623	0,013								
0,610	0,025								
0,585	0,013	0,055	»	671,8	36,95	35,18	0,5863	0,9004	
0,572	0,024								
0,548	0,018								
0,530	0,015	0,052	»	671,5	34,92	34,58	0,5763	0,8917	
0,515	0,023								
0,492	0,014								
0,478	0,013	0,048	»	671,1	32,21	34,09	0,5682	0,8850	
0,465	0,023								
0,442	0,012								
0,430	0,020	0,050	»	670,6	33,53	34,13	0,5688	0,8928	
0,410	0,015								
0,395	0,045								
0,380	0,019	0,055	»	670,2	36,86	34,25	0,5708	0,9024	
0,364	0,013								
0,348	0,023								
0,325	0,015	0,050	»	669,7	33,49	33,76	0,5627	0,8962	
0,310	0,014								
0,296	0,021								
0,275	0,045	0,045	»	669,1	30,11	32,95	0,5575	0,8940	
0,260	0,016								
0,244	0,014								
0,230	0,020	0,050	»	668,4	33,42	32,54	0,5423	0,8768	
0,210	0,020								
0,190	0,010								
0,180	0,020	0,052	»	667,3	34,70	32,30	0,5383	0,8766	
0,160	0,015								
0,145	0,017								
0,128	0,014	0,045	»	666,4	29,97	32,40	0,5350	0,8806	
0,114	0,014								
0,100	0,017								
0,083	0,018	0,049	»	665,6	32,61	31,90	0,5317	0,8820	
0,065	0,015								
0,050	0,016								
0,034									

8. Le bassin en amont des coûrsiers du moulin de l'Hôpital (*planche II*) était trop petit, pour que la quantité d'eau contenue pût faire tourner les roues pendant tout le temps nécessaire à chaque expérience, sans qu'il en résultât des abaissements de niveau assez considérables et par suite des dépenses difficiles à évaluer dans les premiers instants. Cette dépense ne pouvant pas être mesurée directement d'une manière exacte, on a employé la méthode donnée par M. de Prony pour déterminer la quantité d'eau qui s'écoule dans un courant dont on peut opérer le barrage ; dans ce but on abaissait brusquement la vanne d'entrée dans le bassin, et on mesurait les abaissements successifs du niveau de seconde en seconde, pour en déduire la dépense d'eau au moyen de la formule citée ci-dessus (5).

La vanne d'entrée ne fermant pas hermétiquement le bassin, on a tenu compte de la quantité d'eau qui y entrait pendant l'expérience et qui variait avec la différence de niveau en amont et en aval de l'empellement ; à cet effet, on a mesuré les pertes qui avaient lieu par les joints de cette vanne, et on en a dressé le 4ᵉ tableau, pour servir à corriger les abaissements observés dans les expériences sur les dépenses d'eau.

EXPÉRIENCES FAITES AU MOULIN DE L'HOPITAL,
POUR CONNAÎTRE LES PERTES D'EAU PAR L'EMPELLEMENT MAITRE.

9. Le zéro des hauteurs a été pris au bas de l'ouverture des vannes du coursier. La surface du bassin était de 4m q,516.

Le bassin étant vide, on fermait toutes les vannes ; les pertes par l'empellement maître faisaient monter l'eau dans le bassin, ainsi qu'il est indiqué dans la 4e colonne du Tableau suivant.

QUATRIÈME TABLEAU.

Niveau de l'eau en amont de l'empellement.	Niveau de l'eau en aval de l'empellement.	Différence de niveau entre l'eau du bassin et l'eau extérieure.	Élévation de l'eau en deux secondes.	Élévations régularisées.	Élévation par seconde, ou perte par l'empellement.	OBSERVATIONS.
1	2	3	4	5	6	
m.	m.	m.	m.	m.	m.	
2,36	1,900	0,460				
			0,020	0,024	0,010	
2,36	1,920	0,440				Les élévations du niveau du bassin par seconde, qui sont les pertes de l'empellement maî-
			0,025	0,020	0,010	tre, indiquées dans la 6e colonne de ce Tableau, doivent
2,36	1,945	0,415				être ajoutées aux abaissements des 5es
			0,018	0,019	0,009	colonnes dans les Tableaux 5, 6, 7 et
2,36	1,963	0,397				8, des expériences sur les dépenses
			0,020	0,019	0,009	d'eau, pour former les 6es colonnes, en
2,36	1,983	0,377				prenant les pertes qui correspondent
			0,017	0,018	0,009	aux différences de niveau en amont et
2,36	2,000	0,360				en aval de l'em- pellement indiqués
			0,018	0,018	0,009	dans les 4es colonnes.
2,36	2,018	0,342				
			0,017	0,017	0,008	
2,36	2,035	0,325				
			0,015	0,017	0,008	
2,36	2,050	0,310				
			0,020	0,017	0,008	
2,36	2,070	0,290				
			0,017	0,016	0,008	
2,36	2,087	0,273				
			0,018	0,016	0,008	
2,36	2,105	0,225				
			0,012	0,016	0,008	
2,36	2,117	0,243				
			0,016	0,015	0,008	
2,36	2,133	0,227				
			0,014	0,015	0,007	
2,36	2,147	0,213				
			0,015	0,014	0,007	
2,36	2,162	0,198				
			0,012	0,013	0,007	
2,36	2,174	0,186				
			0,013	0,013	0,006	
2,36	2,187	0,173				
			0,012	0,012	0,006	
2,36	2,199	0,161				
			0,013	0,012	0,006	
2,36	2,212	0,148				
			0,012	0,011	0,006	
2,36	2,224	0,136				
			0,014	0,011	0,005	
2,36	2,235	0,125				
			0,010	0,010	0,005	
2,36	2,245	0,115				
			0,009	0,010	0,005	
2,36	2,254	0,106				
			0,009	0,009	0,005	
2,36	2,258	0,097				

10. Les expériences sur les dépenses d'eau ont été faites pour quatre levées et répétées deux et trois fois pour chaque levée : les tableaux 5, 6,

7 et 8 contiennent les résultats obtenus. Le coefficient de la dépense a été calculé pour chaque levée de vanne et pour différentes hauteurs d'eau.

EXPÉRIENCES FAITES AU MOULIN DE L'HOPITAL SUR LES DÉPENSES D'EAU.

11. Dans ces expériences et les suivantes, le bassin avait toutes ses vannes levées; on abaissait tout à coup l'empellement maître, et l'eau s'écoulait par la vanne du coursier.

La largeur de la vanne était de 0m,67, et la surface du bassin de 4m,516.
La levée moyenne de vanne était de 0m,0825 $= l$.

CINQUIÈME TABLEAU.

HAUTEUR D'EAU dans le bassin pour les expériences.		Abaissement moyen par seconde.	Différence de niveau en amont et en aval de l'empellement.	Abaissement régularisé.	Abaissement corrigé de la perte par l'empellement.	Dépense d'eau par seconde.	Coefficient de la dépense.	OBSERVATIONS.
1	2	3	4	5	6	7	8	
m.	m.	m.	m.	m.	m.	m.c.		
2,51	2,50	0,05	0,13	0,053	0,059	0,2061	0,072	Derrière la vanne l'eau s'élevait à 0m,19 et au plus grand remou à 0m,30, pour la hauteur d'eau de 2m,40 à 2m,50 dans le bassin; elle s'élevait à 0m,14 et à 0m,20, pour la hauteur d'eau de 2m,20 à 2m,30.
2,47	2,44	0,05	0,17	0,052	0,058			
2,42	2,39	0,045	0,22	0,052	0,059			
2,39	2,33	0,07	0,25	0,051	0,059			
2,32	2 26	0,05	0,32	0,050	0,058			
2,27	2,24	0,055	0,37	0,050	0,059	0,2619	0,735	
2,21	2,16	0,045	0,43	0,049	0,059			
2,17	2,11	0,04	0,47	0,048	0,059			
2,13	2,07	0,05	0,51	0,049				
2,07	2,03	0,045	0,57	0,047				
2,03	1,98	0,05	0,61	0,046				
1,98	1,93	0,04	0,66	0,045				
1,94	1,89	0,04	0,70	0,044				
1,90	1,85	0,045	0,74	0,043				
1,86	1,80	0,045	0,78	0,042				
1,82	1,75	0,03	0,82	0,041				
1,70	1,72	0,05	0,85	0,039				
1,71	1,67	0,04	0,90	0,038				
1,70	1,63	0,035	0,94	0,036				
1,66	1,60	0,035	0,98	0,034				
1,63	1,56	0,03	1,01	0,032				
1,60	»	0,03	1,04	0,030				
1,57	»		1,07					

SUITE DES EXPÉRIENCES FAITES AU MOULIN DE L'HOPITAL
SUR LES DÉPENSES D'EAU.

---

12. La levée moyenne de vanne était de $0^m,1675 = l$ et la largeur de la vanne de $0^m,67 = l'$.

SIXIÈME TABLEAU.

Hauteur d'eau dans le bassin pour les expériences.		Abaissement moyen par seconde.	Différence de niveau en amont et en aval de l'empellement.	Abaissement régularisé.	Abaissement corrigé de la perte par l'empellement.	Dépense d'eau par seconde.	Coefficient de la dépense.	OBSERVATIONS.
3	4							
1.	2.	3.	4.	5.	6.	7.	8.	
m. 2,43	m. »		m. 0,21					
		m. 0,070		m. 0,095	m. 0,103	m.c. 0,4651	0,665	
2,36	»		0,28					
		0,100		0,092	0,100	0,4516	0,670	
2,26	»		0,38					
		0,050		0,088	0,097	0,4381	0,650	
2,18	2,20		0,45					
		0,100		0,085	0,095	0 4290	0,650	
2,08	2,10		0,55					
		0,100		0,081				
2,00	1,98		0,65					
		0,065		0,078				
1,95	1,90		0,71					
		0,075		0,074				
1,98	1,82		0,79					
		0,060		0,071				
1,82	1,76		0,85					
		0,070		0,066				
1, 5	1,69		0,92					
		0,055		0,063				
1,70	1,63		0,97					
		0,030		0,059				
1,64	1,57		1,03					
		0,030		0,055				
1,58	»		1,06					

Derrière la vanne l'eau s'élevait à $0^m,412$ et au plus grand remou à $0^m,65$, pour la hauteur d'eau de $2^m,40$; elle s'élevait à $0^m,365$ et à $0^m,57$, pour celle de $2^m,15$.

SUITE DES EXPÉRIENCES FAITES AU MOULIN DE L'HOPITAL
SUR LES DÉPENSES D'EAU.

13. La levée de vanne était de $0^m,225 = l$ et la largeur de la vanne de $0,^m67 = l'$.

SEPTIÈME TABLEAU.

Hauteur d'eau dans le bassin pour les expériences.			Abaissement moyen par seconde.	Différence de niveau en amont et en aval de l'empellement	Abaissement régularisé.	Abaissement corrigé de la perte par l'empellement	Dépense d'eau par seconde.	Coefficient de la dépense.	OBSERVATIONS.
5	6	7							
1.	2.	2 bis.	3.	4.	5.	6.	7.	8.	
m.	m.	m.	m.	m.	m.	m.	m.c.		Derrière la vanne l'eau s'élevait à 0^m59 et au plus grand remou à $0^m,97$, pour la hauteur d'eau de $2^m,40$; elle s'élevait à $0^m,56$ et à $0^m,89$, pour la hauteur d'eau de $2^m,20$.
»	2,44	»	0,100	0,20	0,096	0,104	0,4693	0,524	
2,34	2,34	»	0,085	0,30	0,093	0,102	0,4606	0,526	
2,27	2,24	2,22	0,087	0,40	0,091	0,101	0,4561	0,532	
2,20	2,14	2,13	0,097	0,48	0,088				
2,10	2,05	2,03	0,080	0,59	0,085				
2,02	1,98	1,94	0,087	0,66	0,082				
1,95	1,89	1,84	0,087	0,75	0,079				
1,86	1,79	1,77	0,070	0,83	0,076				
1,76	1,74	1,71	0,073	0,90	0,073				
1,69	1,67	1,63	0,067	0,98	0,070				
1,62	1,62	1,55		1,04					

SUITE DES EXPERIENCES FAITES AU MOULIN DE L'HOPITAL
SUR LES DÉPENSES D'EAU.

14. La levée de vanne était de $0^m,285 = l$ et la largeur de la vanne de $0^{''},67 = l'$.

HUITIÈME TABLEAU.

Hauteur d'eau dans le bassin pour les expériences.		Abaissement moyen par seconde.	Différence de niveau en amont et en aval de l'empellement	Abaissement régularisé.	Abaissement corrigé de la perte par l'empellement.	Dépense d'eau par seconde.	Coefficient de la dépense.	OBSERVATIONS.
8	9							
1.	2.	3	4.	5.	6.	7.	8.	
m.	m.	m.	m.	m.	m.	m.c.		Derrière la vanne l'eau s'élevait à $0^m,74$ et au plus grand remou à $1^m,20$, pour la hauteur d'eau de $2^m,20$.
2,24	2,29	0,075	0,37	0,110	0,119	0,5374	0,520	
2,18	2,20	0,135	0,45	0,107	0,117	0,5284	0,529	
2,03	1,08	0,105	0,59	0,104				
1,92	1,98	0,105	0,69	0,100				
1,81	1,88	0,110	0,80	0,095				
1,74	1,73	0,075	0,91	0,090				
1,64	1,68	0,085	0,98	0,084				
1,57	1,58		1,07					

15. Dans le moulin du Basacle (*planche III*), l'étendue de la rivière et la masse d'eau ne nous ont pas permis d'exécuter des barrages avec les faibles moyens qui étaient à notre disposition. La dépense d'eau ne pouvant être mesurée directement, ni évaluée par la méthode de M. de Prony, on l'a calculée dans la supposition d'un coefficient de la dépense égal à 0,66, moyenne trouvée pour les levées de $0^m,165$ à 0^m170 des vannages du moulin de l'Hôpital, dont les coursiers sont disposés d'une manière à peu près semblable.

MESURE DE L'EFFET MECANIQUE DES ROUES.

16. Pour évaluer l'effet mécanique des roues dans les diverses circonstances qui résultent de la quantité variable d'eau qu'on leur donne et des différentes vitesses qu'elles prennent, on a remplacé la résistance qu'elles avaient habituellement à vaincre, par le frottement de leur arbre contre une enveloppe dont la tendance au mouvement était détruite par une force qu'on mettait en équilibre avec elle, et qui était précisément égale à l'effort vaincu par la roue. L'augmentation ou la diminution de la pression de l'enveloppe contre l'arbre faisait varier le frottement, et par suite la vitesse de rotation de la roue et la tendance au mouvement ; la mesure de ces deux quantités dans chaque cas conduisait à l'évaluation de l'effet de la roue dans toutes les circonstances où l'on peut la faire agir. La force F qui sollicite l'enveloppe DE (*planche Ire, fig.* 1) à se mouvoir, est égale à la résistance vaincue par la partie frottante ab de la roue ; cette partie parcourt à chaque révolution un espace égal à 2π fois sa distance p à l'axe de rotation C ; l'effet dynamique pour chaque révolution est donc $2\pi F p$, ou $2\pi F n p$ pendant l'unité de temps ; n étant le nombre de tours faits par la roue dans le même temps. Si T est la tension d'un cordon qui empêche l'enveloppe d'être entraînée par son frottement sur la roue, et r la longueur de la perpendiculaire abaissée du centre de rotation C sur sa direction Tt, on aura :

$$F p = T r,$$

puisque la résistance T fait équilibre à l'effort F, leurs moments doivent
être égaux ; il en résulte que l'effet dynamique $2\pi nF\rho$ devient $2\pi nTr$, expression indépendante de la nature du frottement des surfaces et de leurs
positions relativement à l'axe ; elle ne se trouve plus composée que des
quantités n, T et r, qu'on peut mesurer directement dans chaque expérience. Mais comme dans la pratique, la mesure de ces trois quantités doit
être prise au même instant, et que l'opération dure nécessairement un cer-
tain temps, même en supposant plusieurs observateurs, il est nécessaire,
pour faire cette opération d'une manière exacte et facile, que l'effort T et
la vitesse de rotation soient constants pendant tout le temps de l'observa-
tion ; pour cela il faut rendre le frottement régulier et uniforme.

17. Nous sommes parvenus à obtenir ce résultat pour les roues horizontales de Toulouse, en rendant les arbres A (*planche I, fig.* 2) cylindriques sur
une longueur de 2 pieds environ et en leur donnant un diamètre d'environ
$0^m,379$; l'enveloppe ou surface frottante était composée de 8 morceaux de
chêne B, semblables aux douves d'un cuvier et entaillées intérieurement
suivant une surface cylindrique de même diamètre que celle de l'arbre.
Ces douves étaient fixées sur un fort cordage D qui les entourait deux fois
et les pressait contre l'arbre A, au moyen de deux leviers C dont les ex-
trémités étaient rapprochées l'une de l'autre, par une corde E, plus ou
moins suivant qu'on voulait faire varier la pression et par suite le frottement. Une corde T arrêtait le mouvement de l'enveloppe, et sa tension
mesurée par un dynamomètre, indiquait la tendance du système à suivre
l'arbre dans sa rotation. Un observateur comptait le nombre n des révo-
lutions de cet arbre en 10 et 20 secondes ; un deuxième notait la tension T
du dynamomètre pendant tout ce temps, et mesurait la distance r à laquelle
la direction de T passait de l'axe de rotation. On avait ainsi la valeur de
toutes les quantités qui entrent dans l'expression $2\pi nTr$ de l'effet dynamique de chaque roue.

18. Lorsque l'arbre A (*planche I, fig.* 3) n'avait pas un diamètre assez
fort, ou que quelques circonstances empêchaient de le tourner, on l'entourait d'un manchon en bois G, exactement cylindrique et composé de deux

pièces assemblées au moyen de goujons et de deux frettes F serrées par des clavettes ; huit coins H servaient à fixer le manchon et à le centrer sur l'arbre A.

19. Ces appareils ont été adaptés aux arbres des différentes roues mises en expérience et ont servi à déterminer leur effet utile.

Les résultats des expériences sur les effets dépensés et sur les effets produits par les diverses roues horizontales, sont consignés dans les tableaux 9, 10, 11 et 12.

Les roues des meules n° 3 et n° 4 du moulin du Basacle ont été soumises aux expériences, et les résultats obtenus sont inscrits dans les tableaux suivants.

EXPÉRIENCES FAITES AU MOULIN DU BASACLE,

SUR LES EFFETS PRODUITS PAR LES ROUES. (4ᵉ MEULE.)

20. La largeur de la vanne était de $0^m,95 = l'$ et la hauteur du bas du rouet au-dessous du zéro, de $2^m,47$.

Le zéro a été pris à la hauteur des bords du puits.

Effet dépensé, $E = 0,66, l. l' \sqrt{2gh} H$.

Effet produit, $e = 2 \pi r n$ T.

NEUVIÈME TABLEAU.

Numéros des expériences.	Hauteur de l'eau en amont de la vanne.	Hauteur de l'eau en aval de la vanne.	Levée de la vanne.	Différence entre les niveaux en amont et en aval de la vanne.	Chute totale de l'eau jusqu'au bas du rouet.	Effet dépensé.	Nombre de tours du rouet par seconde.	Distance de l'axe du rouet à la direction de l'effort du dynamomètre.	Tension du dynamomètre.	Effet produit.	Rapport entre l'effet produit et l'effet dépensé.	Rapport déduit de la formule pratique.	OBSERVAT.
	1	2	3 l	4 λ	5 H	6 E	7 n	8 r	9 T	10 e	11 R	12 R'	
	m.	m.	m.	m.	m.	k.m.		m.	kil.	k.m.			
1	0,09	1,82	0,140	1,73	2,38	1218	1,20	0,85	28,5	182,7	0,150	0,149	
2	0,09	1,41	0,187	1,32	2,38	1422	1,23	0,86	25,0	166,2	0,117	0,144	
3	0,09	1,03	0,485	0,94	2,38	3112	2,00	0,86	13,5	145,9	0,047	0,052	
4	0,09	0,89	0,636	0,80	2,38	3754	2,10	0,835	24,2	267,1	0,071	0,050	
5	0,09	0,89	0,636	0,80	2,38	3754	1,90	0,77	32,0	294,0	0,079	0,064	
6	0,09	1,82	0,140	1,73	2,38	1218	1,17	0,67	39,7	195,8	0,160	0,153	
7	0,08	1,81	0,145	1,73	2,39	1268	1,25	1,09	21,5	184,1	0,144	0,141	
8	0,08	1,81	0,145	1,73	2,39	1268	0,95	1,09	34,3	223,2	0,176	0,170	
9	0,08	1,82	0,145	1,74	2,39	1275	1,47	1,06	13,0	127,3	0,100	0,094	
10	0,09	1,45	0,177	1,36	2,38	1362	1,33	1,06	16,0	142,0	0 105	0,127	
11	0,09	1,45	0,177	1,36	2,38	1362	1,50	1,01	9,3	88,5	0,065	0,099	
12	0,09	1,44	0,177	1,35	2,38	1358	1,10	1,17	21,0	169,8	0,123	0,150	
13	0,09	1,44	0,177	1,35	2,38	1358	0,90	1,14	24,0	159,9	0,118	0 154	
14	0,09	1,04	0,470	0,95	2,38	3032	1,67	1,12	20,5	240,9	0,079	0,080	
15	0,09	1,05	0,470	0,96	2,38	3046	2,00	1,15	9,0	130,0	0,043	0,052	
16	0,09	1,04	0,470	0,95	2,38	3032	1,70	1,15	18,5	225,2	0,074	0,078	
17	0,09	1,03	0,470	0,94	2,38	3018	1,80	1,22	30,5	304,0	0,101	0,094	
18	0,09	1,03	0,470	0,94	2,38	3018	1,20	1,19	34,0	305,1	0,101	0,095	
19	0,09	1,04	0,470	0,95	2,38	3032	1,93	1,19	11,5	166,0	0,055	0,059	
20	0,11	0,76	0,825	0,65	2,36	4366	2,10	1,17	12,5	193,0	0,044	0,051	
21	0,11	0,76	0,825	0,65	2,36	4366	1,97	1,19	19,5	287,2	0,056	0,058	
22	0,11	0,75	0,825	0,64	2,36	4342	1,73	1,20	26,5	345,7	0,080	0,077	

SUITE DES EXPÉRIENCES FAITES AU MOULIN DU BASACLE,

SUR LES EFFETS PRODUITS PAR LES ROUES. (3e MEULE.)

21. La largeur de la vanne était de $0^m,95 = l'$ et la hauteur du bas du rouet au-dessous de zéro, de $2^m,41$.

Le zéro était à la hauteur des bords du puits.

L'effet dépensé, $E = 0,66\, l.\, l'\, \overline{\sqrt{2gh}}\, H$,

L'effet produit, $e = 2\pi rn\, T$.

DIXIÈME TABLEAU.

Numéros des expériences.	Hauteur de l'eau en amont de la vanne.	Hauteur de l'eau en aval de la vanne.	Levée de la vanne.	Différence entre les niveaux en amont et en aval de la vanne.	Chute totale de l'eau jusqu'au bas du rouet.	Effet dépensé.	Nombre de tours du rouet par seconde.	Distance de l'axe du rouet à la direction de l'effort du dynamomètre.	Tension du dynamomètre.	Effet produit.	Rapport entre l'effet produit et l'effet dépensé.	Rapport déduit de la formule pratique.	OBSERVAT.
	1.	2.	3. l	4. h	5. H	6. E	7. n	8. r	9. T	10. e	11. R	12. R'	
	m.	m.	m.	m.	m.	k.m.		m.	kil.	k.m.			
1	0,06	1,43	0,17	1,37	2,35	1301	1,25	1,13	23,5	208,6	0,160	0,175	
2	0,06	1,42	0,17	1,36	2,35	1297	1,10	1,09	32,0	241,1	0,185	0,183	
3	0,06	1,44	0,17	1,38	2,35	1305	1,44	1,09	16,0	157,8	0,121	0,155	
4	0,06	1,44	0,17	1,38	2,35	1305	1,60	1,18	9,5	112,7	0,086	0,128	
5	0,06	1,44	0,17	1,38	2,35	1305	1,65	1,19	7,5	925,0	0,071	0,115	
6	0,06	1,00	0,51	0,94	2,35	3232	2,50	1,19	8,5	158,9	0,049	0,028	
7	0,06	0,99	0,51	0,93	2,35	3214	2,27	1,18	13,5	227,2	0,071	0,055	
8	0,06	0,90	0,51	0,93	2,35	3214	2,25	1,14	16,5	266,0	0,083	0,058	
9	0,06	0,98	0,51	0,92	2,35	3197	2,00	1,10	24,0	331,8	0,103	0,081	
10	0,06	0,97	0,51	0,91	2,35	3179	1,50	1,07	35,0	352,9	0,110	0,104	
11	0,06	0,70	0,80	0,70	2,35	4360	2,50	1,06	14,5	227,7	0,052	0,048	
12	0,06	0,75	0,80	0,69	2,35	4330	2,10	0,99	26,5	346,1	0,079	0,072	
13	0,06	0,75	0,80	0,69	2,35	4330	2,00	1,15	30,0	433,5	0,099	0,076	

22. Ces tableaux relatifs aux rouets à cuve du moulin du Basacle, renferment douze colonnes.

La colonne 1 indique la hauteur du niveau de l'eau en amont de la vanne, au-dessous d'un plan horizontal à partir duquel on a pris toutes les hauteurs de haut en bas.

La colonne 2 donne la hauteur de l'eau en aval de la vanne.

La colonne 3 indique les levées de vannes pour chaque expérience.

La colonne 4 donne les différences des niveaux en amont et en aval de la vanne, qui sont indiqués dans les colonnes 1 et 2.

La colonne 5 donne la chute totale depuis le niveau supérieur jusqu'au bas du rouet.

La colonne 6 donne l'effet dépensé calculé dans la supposition que le coefficient de la dépense est 0,66, moyenne trouvée dans les expériences faites au moulin de l'Hôpital pour les levées moyennes; le coefficient 0,780 n'a été adopté que pour la grande levée $0^m,80$, cas pour lequel il a été trouvé. On a pris pour unité dynamique le kilogramme élevé à un mètre de hauteur.

Dans la colonne 7, on trouve le nombre de tours faits par le rouet pendant une seconde, moyenne prise sur le résultat obtenu en comptant pendant 20 ou 30 secondes.

La colonne 8 donne la distance de l'axe du rouet à la direction de l'effort que le dynamomètre exerce et qui empêche le mouvement de l'enveloppe de l'arbre.

Dans la colonne 9, on trouve la moyenne des tensions du dynamomètre pendant la durée de chaque expérience.

La colonne 10 indique les effets produits, calculés par la formule de la page précédente et ramenés à l'unité dynamique adoptée ci-dessus.

La colonne 11 donne le rapport de l'effet produit à l'effet dépensé, ou des quantités portées dans les colonnes 10 et 6.

La colonne 12 donne le même rapport déduit de la formule pratique :

$$n^2 - 2,9\, n\, \sqrt[b]{l} = -32,5\, l\mathrm{R}', \text{ pour le rouet n}^o\, 4.$$
$$n^4 - 3.2\, n\, \sqrt[b]{l} = -34.\, l\mathrm{R}', \text{ pour le rouet n}^o\, 3.$$

La première s'accorde assez bien avec les résultats obtenus avec la roue n° 4, excepté pour la levée de vanne de $0^m,177$, qui a donné évidemment des effets trop faibles; il serait difficile de donner la cause de cette anomalie.

23. La roue du moulin de l'Hôpital a donné les résultats indiqués dans le tableau suivant.

EXPERIENCES FAITES AU MOULIN DE L'HOPITAL,

SUR LES EFFETS PRODUITS PAR LES ROUES.

La largeur de la vanne était de $0^m,67 = l'$ et la hauteur du bas du rouet au-dessous du zéro, de $0^m,43$.

Les hauteurs ont été prises à partir du plan horizontal passant par le bas de l'ouverture de la vanne.

L'effet dépensé, $E = C l l' \sqrt{2gh}\ H$.

Le coefficient C a été pris dans les tableaux 5, 6, 7 et 8.

L'effet produit, $e = 2\pi r n\ T$.

ONZIÈME TABLEAU.

Numéros des expériences.	Hauteur de l'eau dans le bassin.	Hauteur de l'eau en aval de la vanne.	Levée de la vanne.	Dépense d'eau.	Chute totale, jusqu'au bas du rouet.	Effet dépensé.	Nombre de tours du rouet par seconde.	Distance de l'axe du rouet, à la direction de l'effort du dynamomètre.	Tension du dynamomètre.	Effet produit.	Rapport entre l'effet produit et l'effet dépensé.	Rapport déduit de la formule pratique.	OBSERVAT.
	1.	2.	3. l	4.	5. H	6. E	7. n	8. e	9. T	10. r	11. R	12. R'	
	m.	m.	m.	m.c	m.	k.m.		m.	kil.	k.m.			
1	2,54	0,190	0,095	0,310	2,99	930	1,73	1,55	8,0	134,3	0,145	»	
2	2,55	0,185	0,095	0,310	2,99	930	1,33	1,53	14,5	185,4	0,199	»	
3	2,55	0,185	0,095	0,310	2,99	930	1,30	1,53	15,5	193,7	0,207	»	
4	2,59	0,185	0,095	0,313	3,02	940	1,10	1,52	17,5	193,9	0,206	»	
5	2,59	0,190	0,095	0,313	3,02	940	1,05	1,53	19,5	196,8	0,210	»	
6	2,51	0,245	0,159	0,475	2,95	1400	2,30	1,53	8,5	188,0	0,134	0,130	
7	2,53	0,245	0,159	0,476	2,95	1400	2,15	1,53	12,5	258,4	0,184	0,175	
8	2,53	0,245	0,159	0,476	2,95	1400	1,90	1,52	17,0	308,5	0,221	0,227	
9	2,53	0,325	0,159	0,466	2,95	1370	1,95	1,52	16,0	297,9	0,217	0.217	
10	2,53	0,245	0,159	0,476	2,95	1400	1,90	1,52	17,5	317,5	0,227	0,227	
11	2,53	0,275	0,159	0,474	2,95	1400	2,05	1,53	15,5	305,5	0,218	0,196	
12	2,54	0,275	0,159	0,475	3,96	1400	2,00	1,53	16,5	317,2	0,226	6,207	
13	2,53	0,275	0,159	0,474	2,95	1400	2,00	1,53	16,0	307,6	0,219	0,207	
14	2,54	0,250	0,149	0,452	2,96	1340	2,25	1,54	10,0	217,5	0,162	0,134	
15	2,53	0,250	0,149	0,451	2,96	1340	2,00	1.54	14,5	280,6	0,209	0,207	
16	2,53	0,240	0,149	0,452	2,96	1340	1,85	1.54	17,5	313,3	0,233	0,240	
17	2,53	0,240	0,149	0,452	2,96	1340	1,75	1,53	20,0	336,5	0,252	0,257	
18	2,53	0,240	0,149	0,452	2,96	1340	1,65	1,53	22,5	356.9	0,267	0.269	

La hauteur de l'eau dans le bassin, toutes les vannes étant fermées, variait de $1^m,09$ à 1^m03 au-dessous de ses bords.

L'arbre a été arrêté par le frottement du frein pendant les expériences n^{rs} 4 et 5; le dynamomètre marquait alors de 38 à 40 kil.

24. Dans ce tableau relatif aux rouets à cuve du moulin de l'Hôpital, les colonnes 1 et 2 indiquent les mêmes quantités que dans les tableaux précédents, mais les hauteurs sont celles du niveau au-dessus du fond du bassin. La colonne 4 donne les dépenses trouvées en prenant les coefficients donnés pour les différentes levées de vannes, par les expériences directes et indiquées dans les tableaux 5, 6, 7 et 8.

Les colonnes 3, 5, 7, 8, 9, 10, 11 représentent des quantités analogues à celles des colonnes correspondantes des tableaux 9 et 10.

La colonne 12 donne le rapport de l'effet produit à l'effet dépensé, déduit de la formule pratique :

$$n^2 - 4,2\, n \sqrt{l} = - 39\, l\, R',$$

qui s'accorde avec une assez grande partie des résultats obtenus avec les levées de vannes ordinaires de $0^m,159$ et $0^m,149$, mais qui donne des valeurs de R' environ deux fois trop fortes pour la très petite levée de $0^m,095$; cette dernière levée ne s'emploie jamais dans la pratique, parce qu'une partie de l'eau dépensée traverse la roue sans agir sur elle, et que les diverses résistances absorbent une portion notable de l'effet.

25. Cette dernière formule, relative à des roues de même diamètre que les cuves, peut se transformer, devenir identique avec les deux premières (22) et représenter les effets obtenus avec les roues du Basacle, en y faisant entrer l'expression des vides qui existent autour de ces roues (*planche III, fig. 4*) et donnent passage à l'eau. Si on représente par D le diamètre de la cuve et par D' celui de la surface intérieure du cylindre enveloppe du rouet, et qu'on multiplie le 2e terme de la formule par $\frac{D'^2}{D^2}$ et le dernier par $\frac{D'}{D}$, on aura la formule générale des roues horizontales à cuve :

$$n^2 - 4,2\, \frac{n D'^2}{D^2} \sqrt{l} = - 39\, \frac{D'}{D}\, l\, R'\ (1).$$

Pour la roue du moulin de l'Hôpital on a $D = 0^m,88$, et $D' = 0^m,88$, d'où

$$\frac{D'^2}{D^2} = 1, \text{ et } \frac{D'}{D} = 1,$$

et par suite :

$$n^2 - 4.2\, n \sqrt{l} = - 39\, l\, \mathrm{R'}$$

comme ci-dessus. Pour la roue n° **3**, du Basacle, $\mathrm{D} = 1^\mathrm{m},02$, et $\mathrm{D'} = 0^\mathrm{m},89$, d'où :

$$\frac{\mathrm{D'}^2}{\mathrm{D}^2} = 0,76, \text{ et } \frac{\mathrm{D'}}{\mathrm{D}} = 0,87,$$

et par suite :

$$n^2 - 3.2\, n \sqrt{l} = - 34\, l\, \mathrm{R'}.$$

Pour la roue n° **4** du Basacle, on a $\mathrm{D} = 1^\mathrm{m},12$ et $\mathrm{D'} = 1^\mathrm{m},00$; mais les ailes de la roue étant en partie brisées, la surface d'action est moindre et égale à celle d'un cercle dont le diamètre ne serait que de $0^\mathrm{m},93$. Faisant $\mathrm{D'} = 0^\mathrm{m},93$, on a

$$\frac{\mathrm{D'}^2}{\mathrm{D}^2} = 0,69, \text{ et } \frac{\mathrm{D'}}{\mathrm{D}} = 0,83,$$

et par suite :

$$n^2 - 2,9\, n \sqrt{l} = - 32.5\, l\, \mathrm{R'},$$

formule identique avec celle que nous avons donnée précédemment (22).

26. Cette formule pratique des roues à cuves représente assez bien les résultats obtenus par l'expérience dans le plus grand nombre de cas; mais dans d'autres cas, les différences sont notables, et quoique les observations semblent présenter alors des anomalies évidentes, nous ne présenterons cette formule que comme une première tentative pour établir la loi des variations du rapport de l'effet utile à l'effet dépensé, en fonction de la vitesse de la roue et de la dépense d'eau; d'ailleurs nous pensons qu'une formule pratique peut seule représenter, avec simplicité, des effets aussi compliqués que le sont ceux de l'eau dans les cuves des moulins de Toulouse.

27. En comparant les effets produits par les roues aux effets dépensés, on voit que la vitesse de roue la plus avantageuse, donnée par l'expérience est la même, dans chaque cas, que celle qui est indiquée par la

formule pratique, et qu'on trouve en différentiant la valeur de R' par rapport à n et en l'égalant à zéro ; on a ainsi la relation

$$n = 2.1 \frac{D'^2}{D^2} \sqrt[4]{l},$$

qui donne le nombre de tours par seconde que la roue doit faire suivant la levée de vanne ; on voit que la vitesse de la machine qui donne le meilleur emploi de la force motrice, augmente avec la quantité d'eau affluente ou la dépense.

D'après la formule, les levées de vannes les plus petites seraient les plus avantageuses ; mais on conçoit facilement que dans la pratique il doit exister une limite inférieure, les résistances diverses et les pertes devant absorber entièrement les effets produits avec de petites dépenses ; dans le cas des roues soumises à nos expériences, les levées de vannes qui semblent donner les meilleurs résultats sont celles de $0^m,15$ environ ; l'effet produit peut alors aller jusqu'à 1/4 de l'effet dépensé pour les roues bien construites, comme celles du moulin de l'Hôpital. Ce rapport n'est plus que de 1/6 pour les roues d'un diamètre moindre que celui de la cuve, comme cela a lieu dans le moulin du Basacle.

28. Le rouet n° 1 du moulin du canal a donné les résultats consignés dans le tableau suivant.

EXPÉRIENCES FAITES AU MOULIN DU CANA

SUR LES EFFETS PRODUITS PAR LES ROUES.

La hauteur des bords du bassin au-dessus du milieu de l'ouverture de la cannelle était de 4^{m}12.

La hauteur des mêmes bords au-dessus du bas du rouet était de 4^{m}55.

L'ouverture de la cannelle avait une surface de 0^{m}04014.

L'effet dépensé, $E = 0{,}87 \times 0{,}04014 \sqrt{2gh}\ H$

L'effet produit, $e = 2\pi rn\ T$.

DOUZIÈME TABLEAU.

Numéros des expériences.	Hauteur de l'eau du bassin au-dessous de ses bords.	Hauteur de l'eau au-dessus du milieu de la cannelle.	Chute totale comptée jusqu'au bas du rouet.	Effet dépensé.	Nombre de tours du rouet par seconde.	Distance de l'axe du rouet à la direction de l'effort du dynamomètre.	Tension du dynamomètre.	Effet produit.	Rapport de l'effet produit à l'effet dépensé.	Vitesse de la roue au point choqué, divisée par celle qui est due à la hauteur de chute.	OBSERVATIONS.
	1.	2. h	3. H	4. E	5. n	6. r	7. t	8. e	9. R	10.	
	m.	m.	m.	k.m.		m	kil	k.m.			
1	0,16	3,96	4,39	1351	1,90	1,14	14,5	213,7	0,158	0,694	L'arbre du rouet éprouvait dans sa crapaudine une résistance de 1 k. 2, mesure prise à 1^m 14 de l'axe ; la tension t du dynamomètre doit être augmentée en conséquence, pour donner la valeur de T.
2	0,23	3,89	4,32	1318	2,03	1,14	13,5	213,7	0,162	0,748	
3	0,29	3,83	4,25	1290	1,83	1,14	29,5	402,0	0 342	0,680	
4	0,32	3,80	4,23	1275	1,73	1,13	32,0	407,8	0,520	0,645	
5	0,38	3.74	4,17	1248	1,70	1 12	34,0	421,1	0,330	0,639	
6	0,48	3,64	4,07	1201	1,73	1,19	26,0	351,8	0,293	0,659	
7	0,51	3,61	4,04	1187	1,43	1,18	44,0	479,2	0,403	0,547	
8	0,59	3,53	3,96	1151	1,50	1,27	36,5	454,2	0,392	0,580	
9	0,24	3,88	4,31	1313	2,10	1,00	»	137,0	0,012	0,775	Il n'y avait d'autre résistance que le frottement du pivot de l'arbre dans sa crapaudine ; sa valeur moyenne était de 1°037 à 1^m de l'axe.
10	0,25	3,87	4,30	1308	0	1,33	76,0	»	»	»	Le frottement du frein arrêtait entièrement le rouet.

29. Dans ce tableau relatif aux rouets volants du moulin du Canal, la colonne 2 indique la hauteur de l'eau au-dessus du milieu de l'ouverture inférieure de la cannelle, hauteur à laquelle est due la vitesse de l'eau qui s'échappe. La colonne 4 donne l'effet dépensé calculé avec le coefficient de la dépense 0^m,87, trouvé dans les expériences sur l'écoulement de l'eau par la même cannelle et avec la même hauteur de chute ; *Voir* le 1er tableau. Les colonnes 1, 3, 5, 6, 7, 8 et 9 sont analogues à celles des tableaux des expériences précédentes. La colonne 10 indique le rapport de la vitesse de la roue au point choqué à celle de l'eau.

30. Les courbes (*planche IV, fig.* 6, 7 et 8) qui correspondent aux ta-

bleaux 9, 10 et 11, et qui ont pour ordonnées les rapports des effets produits aux effets dépensés, et pour abscisses les vitesses des rouets, montrent quelles sont les vitesses les plus avantageuses pour [chaque levée de vanne et quelles sont les levées de vanne qui donnent les meilleurs résultats pour l'emploi de la force motrice. La courbe relative au tableau 12 (*planche IV, fig.* 9) est très incomplète, attendu qu'il n'a pas été possible d'obtenir avec le frein, des vitesses assez lentes pour atteindre le point où les rapports des effets produits aux effets dépensés commencent à décroître.

Les courbes relatives aux tableaux des expériences sur les roues à cuve, montrent que, pour l'emploi le plus avantageux de la force motrice, la vitesse du rouet doit augmenter avec la levée de la vanne, et que les levées d'environ $0^m,15$ donnent les meilleurs résultats.

Dans la courbe des rouets volants, on trouve que les effets augmentent relativement aux dépenses, à mesure que la vitesse diminue ; du moins tant que la vitesse du point choqué du rouet ne descend pas au-dessous du cinquième de la vitesse due à la hauteur de chute de l'eau.

APPLICATIONS.

31. En appliquant les résultats précédents à la mouture du blé et cherchant les points des courbes correspondant aux levées de vanne et aux vitesses de rouets employés dans les moulins, on voit que l'expérience a conduit les meuniers à prendre toujours la levée de vanne, dont la vitesse la plus avantageuse est précisément celle dont ils se servent, vitesse qui est déterminée par la condition de moudre la plus grande quantité possible de farine, sans l'échauffer. Les différentes espèces de mouture font bien varier un peu cette vitesse; mais elle se trouve toujours très rapprochée de celle qui donne le maximum du rapport de l'effet produit à l'effet dépensé.

EXPÉRIENCES FAITES AU MOULIN DU BASACLE
SUR LA MOUTURE DU BLÉ.

32. La largeur de la vanne était de 0^m,95.

TREIZIÈME TABLEAU.

Désignation de la meule.	Hauteur de l'eau en amont de la vanne	Hauteur de l'eau en aval de la vanne.	Levée de la vanne.	Différence des niveaux en amont et en aval de la vanne.	Chute totale de l'eau jusqu'au bas du rouet.	Effet dépensé.	Nombre de tours du rouet par seconde.	Effet produit sur la meule.	Quantité de blé moulu en une seconde.	Effet à produire sur la meule pour moudre un kil. de blé.	Effet dépensé pour moudre un kilog. de blé.	OBSERVATIONS.
1.	2.	3.	4.	5.	6.	7.	8.	9.	10.	11.	12.	
	m	m.	m.	m.	m.	k. m.		k. m	kil.	k. m.	k. m.	
4^e	0,12	1,14	0,41	1,02	2,35	2706	1,20	209	0,0244	11025	110900	Blé fin pour minot, meule piquée légèrement deux jours avant.
3^e	1,12	1,12	0,45	1,00	2,35	2809	1,30	261	0,0244	10696	115120	Blé gros pour particulier, meule piquée huit jours avant.
4^e	0,31	1,10	0,452	0,79	2,35	2631	1,02	263	0,0353	7450	74530	Gros blé pour pain de munition, meule piquée une demi-heure avant.

Une meule pour minot étant en repos, il faut un effort de 36 kilogrammes à 1^m, 31 de l'axe, pour la mettre en mouvement, et 30 kilog. pour l'y maintenir. Dans le sens opposé, il faut dans les mêmes cas 42 et 36 kilog. à une distance de 1^m, 36 de l'axe.

EXPÉRIENCES FAITES AU MOULIN DE L'HOPITAL
SUR LA MOUTURE DU BLÉ.

33. La largeur de la vanne était de 0,^{m}67.

QUATORZIÈME TABLEAU.

Désignation de la meule.	Hauteur de l'eau dans le bassin.	Hauteur de l'eau en aval de la vanne.	Levée de la vanne.	Dépense d'eau.	Chute totale jusqu'au bas du rouet.	Effet dépensé.	Nombre de tours du rouet par seconde.	Effet produit sur la meule.	Quantité de farine moulue par seconde.	Effet produit sur la meule pour moudre un kilog. de blé.	Effet dépensé pour moudre un kilog. de blé.	OBSERVATIONS.
1.	2.	3.	4.	5.	6.	7.	8.	9.	10.	11.	12.	
	m.	m.	m.	m.	m.	k.m.		k.m.	k.	k.m.	k.m.	
1re	1,90	0,76	0,36	0,595	2,23	1510	1,55	367	0,0173	21214	75720	Gros blé, meule bien lisse, piquée depuis un mois et demi, farine fine pour boulanger.
3e	2,27	0,91	0,36	0 655	2,70	1720	1,65	44	0,0377	11856	45620	Gros blé, meule fraîche, piquée à fond depuis 10 jours, farine assez belle, pour l'hôpital.
2e	1,85	0,39	0,26	0,455	2,28	1110	1,35	547	0,0270	12852	41110	Blé fin, meule fraîche, piquée à fond depuis 15 jours, farine très fine, presque comme le minot.
2e	1,85	0,39	0,20	0,455	2,28	1110	1,00	333	0,0447	22653	75510	Même blé, même meule, farine de minot très belle, son gros et large. (On avait donné du grain à la meule).
2e	1,85	0,39	0,26	0,455	2,28	1110	1,60	300	0,0213	14084	52110	Même blé, même meule, farine un peu grosse, son coupé. (On avait ôté du grain à la meule).

EXPÉRIENCES FAITES AU MOULIN DU CANAL
SUR LA MOUTURE DU BLÉ.

34. Les deux meules ont été mises successivement en mouvement.

QUINZIÈME TABLEAU.

Désignation de la meule.	Hauteur de l'eau du bassin au-dessous de ses bords.	Hauteur de l'eau au-dessous du milieu de la cannelle.	Chute totale comptée jusqu'au bas du rouet.	Effet dépensé.	Nombre de tours du rouet par seconde.	Effet produit sur la meule d'après le tableau 12.	Quantité de blé moulu en une seconde.	Effet produit sur la meule pour moudre un kil. de blé.	Effet dépensé pour moudre un kilog. de blé.	Vitesse de la roue au point choqué, divisée par celle qui est due à la hauteur de chute.	OBSERVATIONS.
	1.	2.	3.	4.	5.	6.	7.	8.	9.	10.	
	m.	m.	m.	k.m.		k.m.	k.	k.m.	k.m.		
1re	0,19	3,63	4,36	1387	1,25	555	0,04511	12303	29640	0,470	Le blé à moudre était gros, la farine grosse et le son coupé. La meule avait été piquée depuis peu de temps. La meule supérieure en pierre siliceuse, un peu transparente, était taillée à 8 rayons, avait 0m,15 d'épaisseur, et 1m,80 de diamètre.
2e	0,19	3,93	4,36	1329	1,20	545	0,02208	24683	60490	0,454	Farine plus belle que la précédente, son plus long; meule piquée depuis un mois et demi.

Il faut un effort de 42 à 45 kil. à 0^m,83 de l'axe, pour faire marcher la meule sur le grain; à 1,20 tours par seconde cela correspond à un effet de 272 k.m.

35. Les tableaux 13, 14 et 15 donnent les résultats obtenus sur la mouture du blé, par les meules des roues hydrauliques dont on avait mesuré les effets dynamiques. Les premières colonnes renferment toutes les données nécessaires pour conclure l'effet dépensé, comme dans les tableaux qui précèdent. La colonne qui suit celle qui indique le nombre de tours que le rouet ou la meule fait par seconde, donne les effets produits sur la meule, calculés d'après les expériences précédentes, en prenant le rapport de l'effet produit à l'effet dépensé, correspondant à la vitesse dont la roue est animée. La colonne suivante indique la quantité de farine moulue, et les deux dernières contiennent les effets produits sur la meule et les effets dépensés pour moudre chaque kilogramme de blé.

CONCLUSIONS.

36. Des expériences qui précèdent, on peut tirer les conclusions suivantes :

1° Dans l'écoulement de l'eau par une vanne de $0^m,67$ de largeur et par un coursier de même largeur à son entrée et de $0^m,164$ à sa sortie, avec une pente de $0^m,47$ sur une longueur de $3^m,10$, le coefficient de la dépense est de 0,720 à 0,735 pour une levée de vanne de $0^m,0825$; de 0,65 à 0,67, pour une levée de $0^m,1675$; de 0,53, pour une levée de $0^m,225$; et de 0,52 à 0,53 pour une levée de $0^m,285$. La hauteur d'eau étant de $2^m,20$ à $2^m,50$, ce coefficient augmente quand la hauteur de chute diminue.

2° Dans l'écoulement de l'eau par une cannelle en tronc de pyramide, à base carrée de $0^m,20$ de côté à l'orifice de sortie et de $0^m,60$ à celui d'entrée, l'axe étant incliné de $0^m,90$ sur 3^m de longueur, le coefficient de la dépense est de 0,864 lorsqu'il existe intérieurement des cadres en fer de $0^m,005$ d'épaisseur, et de 0,965 lorsque l'intérieur n'est pas garni de cadres. Ce coefficient augmente un peu, comme dans les cas précédents, quand la vitesse de l'eau diminue.

3° Dans les roues hydrauliques horizontales à cuve, les effets produits avec les vitesses ordinaires, varient de 0,15 à 0,27 des effets dépensés, lorsque les rouets sont en très bon état et de même diamètre que les cuves, de 0,10 à 0,19, pour des rouets ordinaires, et ne dépassent pas 0,17, lorsque les rouets sont en mauvais état, comme celui de la meule n° 4 du moulin du Basacle; les effets produits augmentent à mesure que la vitesse de la roue diminue.

4° Dans les roues hydrauliques horizontales, dites à *rouet volant*, les produits augmentent très rapidement à mesure que la vitesse de la roue diminue; pour la vitesse de 1,7 à 1,8 tour par seconde, ils sont de 0,29 à 0,33 des effets dépensés, et s'élèvent beaucoup plus haut pour les vitesses plus petites, car on a obtenu 0,39 et 0,40 pour des vitesses de 1,50 et 1,43 tour par seconde, vitesses les plus petites qu'on ait pu obtenir avec le frein.

5° Avec les grandes meules en silex, la mouture d'un kilogramme de blé exige un effort équivalent à celui qui serait nécessaire pour élever à un mètre de hauteur 10 à 12 mètres cubes d'eau, lorsque les meules sont en bon état.

TABLE DES MATIÈRES.

MESURE DE L'EFFET MÉCANIQUE DES ROUES.

APPLICATIONS.

CONCLUSIONS.

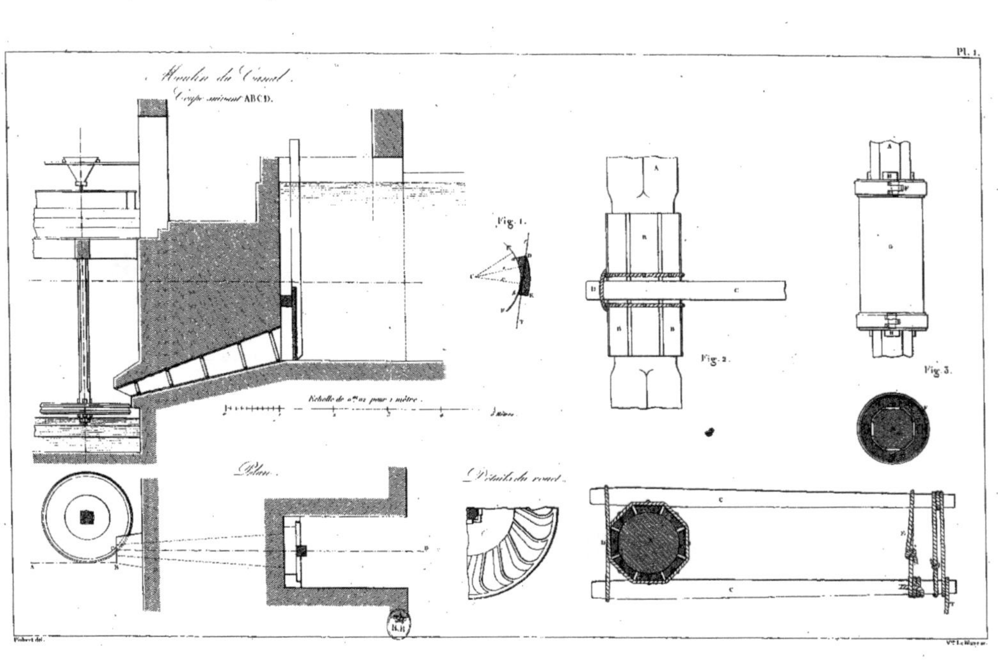

Moulin du Cassel.
Coupe suivant ABCD.
Fig. 1.
Fig. 2.
Fig. 3.
Échelle de 0.01 pour 1 mètre.
Plan.
Détail du rouet.
Robert del.
V.e Le Blanc sc.

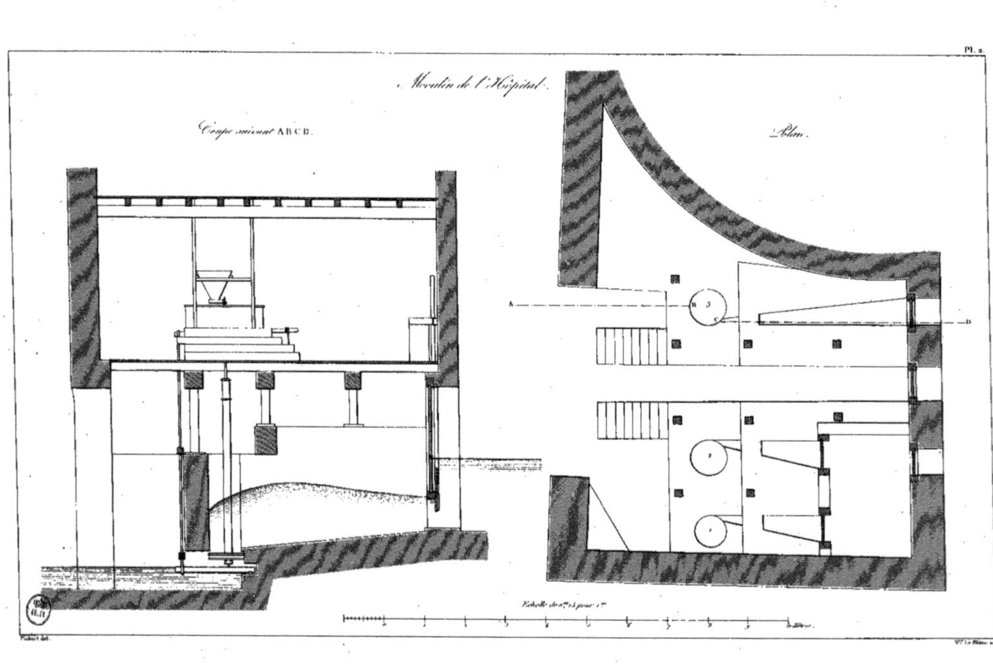
Moulin de l'Hôpital.
Coupe suivant A B C D.
Plan.
A
D
Echelle de 0,^mc 15 pour 1^m.
Pichot del.
V.^e Le Blanc sc.

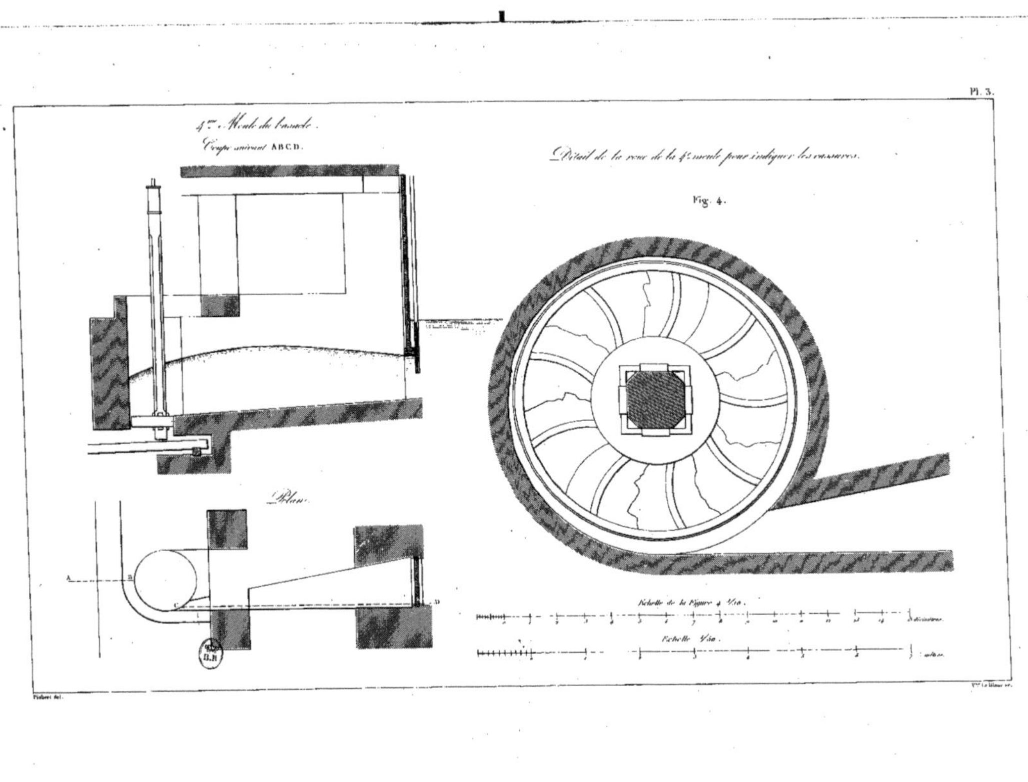
4ᵐᵉ Meule du bascule.
Coupe suivant ABCD.
Détail de la roue de la 4ᵉ meule pour indiquer les cassures.
Fig. 4.
Plan.
A
B
C
D
Échelle de la Figure 4 ⅙₀.
Échelle ⅛₀.
Pichot del.
Vᵉ Le Blanc sc.

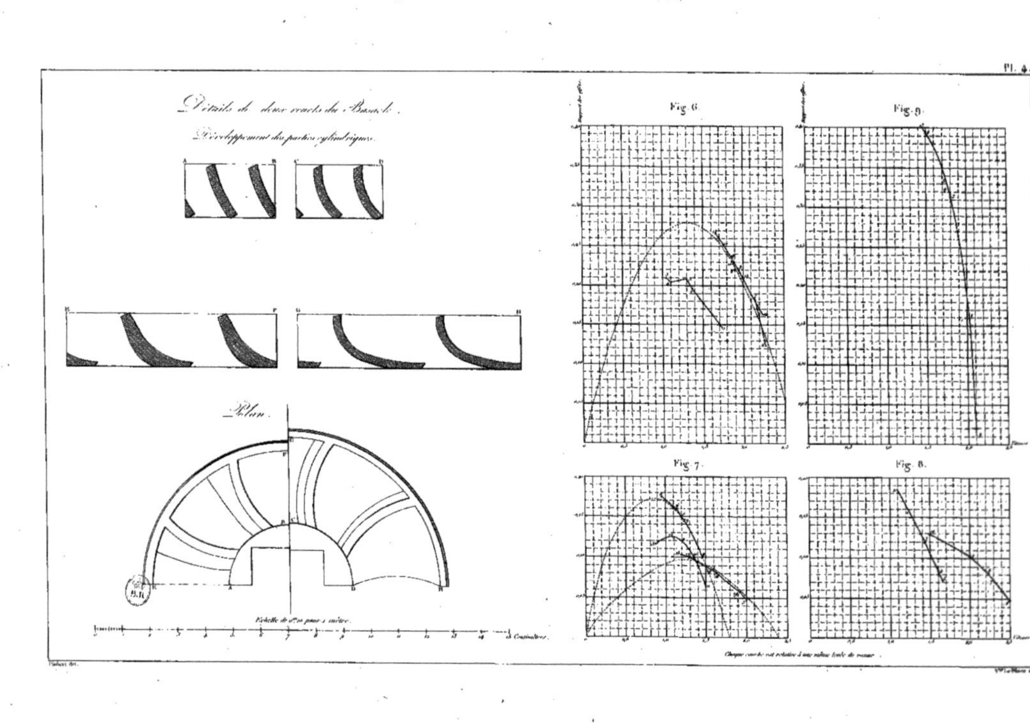

Détails de deux roues du Bassole.
Développement des parties cylindriques.
Plan.
Échelle de 0,10 pour 1 mètre.
Centimètres.
Fig. 6.
Fig. 7.
Fig. 8.
Fig. 9.
Chaque courbe est relative à une vitesse finale du vapeur.

www.ingramcontent.com/pod-product-compliance
Ingram Content Group UK Ltd.
Pitfield, Milton Keynes, MK11 3LW, UK
UKHW021717130726
13696UKWH00004B/1865